DE LA RAGE

ET DE SON

REMÈDE PROMPT ET SUR

DE LA RAGE CHEZ L'HOMME
DE LA RAGE CHEZ LES ANIMAUX
ET NOTAMMENT
CHEZ LES CHIENS

PAR

François SAENZ

DE LA FACULTÉ DE MÉDECINE DE PARIS

PARIS

IMPRIMERIE MALVERGE ET DUBOURG

RUE DU CARDINAL-LEMOINE, 41.

1876

DE LA RAGE

ET DE SON

REMÈDE PROMPT ET SUR

DE LA RAGE CHEZ L'HOMME

DE LA RAGE CHEZ LES ANIMAUX

ET NOTAMMENT

CHEZ LES CHIENS

PAR

François SAENZ

DE LA FACULTÉ DE MÉDECINE DE PARIS

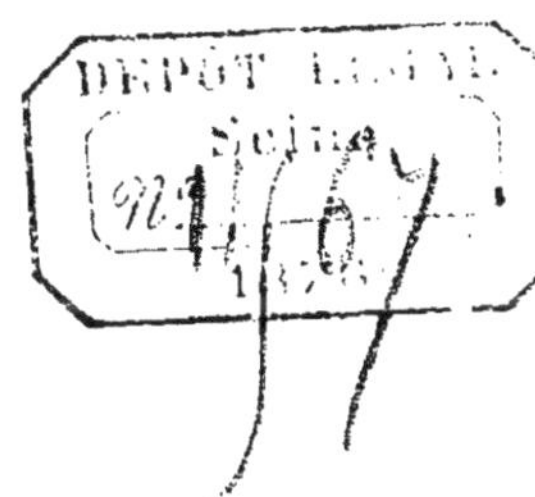

PARIS

IMPRIMERIE MALVERGE ET DUBOURG

RUE DU CARDINAL-LEMOINE, 41.

1876

INTRODUCTION

Tous les pathologistes de l'Europe et de l'Amérique, jusqu'à présent, ont considéré la rage comme une maladie entièrement incurable ; c'est ce qui est confirmé par tous les ouvrages de pathologie français, anglais, allemands, italiens, américains, etc., les plus modernes.

Dans les différents cours publics de la Faculté de Paris, auxquels nous avons assisté depuis plusieurs années, nous n'avons jamais entendu citer un seul moyen thérapeutique considéré comme efficace.

Contrairement à l'opinion de Dioscoride et de tant d'autres, après lui, qui ont dit : « Les enragés sont voués à une mort certaine », nous croyons qu'on peut guérir cette terrible maladie ; c'est ce que nous allons essayer de démontrer dans ces quelques pages. Nous livrons nos appréciations aux savants et au public qui voudront bien, sinon partager nos idées, du moins nous savoir gré de nos recherches et de nos efforts et, au besoin, expérimenter notre traitement.

Le but de la science étant la découverte de la vérité, abandonnons les sentiers suivis par nos anciens et même par quelques praticiens modernes, ne nous laissons pas décourager par leurs insuccès, et faisons, s'il est possible, un pas en avant, tant au point de vue théorique, qu'au point de vue pratique et expérimental.

Pourquoi ne découvrirait-on pas un spécifique contre le *virus rabique*, comme on en a déjà trouvé contre le virus syphilitique, la variole, les fièvres paludéennes, etc. ?

M. Andral lui-même émet cette opinion en disant (vol. III, p. 107) : « Il n'est cependant pas absurde de rechercher un spécifique contre une maladie produite par une cause spécifique. »

Ce spécifique, nous croyons l'avoir trouvé, c'est le *Datura stramonium*, qui renferme, selon M. Jobert de Lamballe, un alcaloïde redoutable : la Daturine, trois fois plus active que l'atropine et ses sels.

Nous parlerons du *Datura stramonium* et du *Jaborandi* au chapitre du traitement; nous citerons des faits à l'appui de notre découverte, après avoir dit quelques mots des méthodes antérieures.

Nous nous occuperons d'abord de la rage en général, de cette maladie chez les animaux, et particulièrement chez le chien, et enfin de la rage chez l'homme.

François SAENZ,

de la République de Guatémala (Amérique-Centrale).

Paris, novembre 1876

DE

LA RAGE

EN GÉNÉRAL

Genèse et Étiologie

La rage (latin *Rabies*, grec λύσσα, allemand *Wuth*, anglais *Madness*, italien *Rabbia*, espagnol *Rabia*) est une affection virulente et aiguë, spontanée chez quelques animaux et transmise à l'homme par inoculation; elle est caractérisée par un désordre général et profond des centres nerveux , un état d'hypéresthésie extrême de tous les sens, mais ne se terminant pas nécessairement par la mort (1).

La rage étant une affection virulente, une fois que ce virus se trouve renfermé dans la salive des animaux enragés, il devient la seule source de la contagion. L'examen microscopique ne nous a pas révélé la nature de ce virus. Plusieurs théories pourront nous donner une idée approximative à ce sujet.

Voici la première hypothèse présentée par Schivardi : Le virus rabique n'est rien autre chose qu'un

---

(1) Nous croyons, contrairement aux auteurs, que la mort n'est pas la terminaison fatale de cette terrible maladie, comme nous le prouverons plus loin au chapitre du traitement.

ferment, car un poison ne saurait avoir une aussi longue incubation. Ce ferment peut être un microphyte ou un microzoaire, s'inoculant par le moyen de la salive de l'animal enragé, dans le corps de l'animal mordu, et y séjournant pendant le temps nécessaire à son développement. Ce microzoaire se multiplie alors, et ses éléments ont sans doute une prédilection particulière pour l'*urée* du sang ou autre substance qui, en se décomposant, puisse donner de l'ammoniaque; mais avant que le microzoaire ait trouvé assez d'urée ou d'autre substance et avant qu'il ait donné naissance à du carbonate d'ammoniaque en assez grande quantité pour produire le *coma urémique*, il a exercé une telle irritation sur les centres nerveux qu'il produit la première phase de la rage. A mesure que l'intoxication du sang augmente, les symptômes de la maladie s'aggravent, en nous présentant en même temps toutes les phases de la rage.

La seconde hypothèse est celle-ci : Le virus, en étendant ses ravages, produit une *névrose* toxique assez semblable à l'empoisonnement par la strychnine, ou comparable à l'éclampsie des femmes enceintes.

On a émis une troisième hypothèse : le ferment de la rage agirait en provoquant, dans le sang, une quantité excessive d'*urée*, substance toxique.

Quant à nous, nous croyons que le *virus* est composé d'éléments sur lesquels les micrographes n'ont encore pu nous donner aucun renseignement, éléments qui existent dans la nature même de tous les animaux en plus ou moins grande quantité, selon la sphère à laquelle ils appartiennent, et comprenant aussi l'homme. Ces mêmes éléments attendent une cause purement physique ou chimique (comme la faim, a soif, la chaleur, etc., chez les chiens, et l'inoculation du *virus rabique*, chez l'homme) pour être éveillés et mis en action, et auxquels il ne manque qu'une étincelle pour être enflammés, en nous donnant, comme dernier résultat, un ensemble de phénomènes étranges, qui ne sont autre chose que les effets épouvantables de cette maladie, à laquelle on a donné le nom de *Rage*.

Tous les auteurs s'accordent à reconnaître que la rage peut être spontanée chez le chien, le loup, le chat, le renard... mais non chez les autres animaux ni chez l'homme. Nous croyons cependant que la rage peut être spontanée chez l'homme, comme chez les animaux, parce qu'il renferme, comme eux, les éléments et les conditions qui peuvent donner naissance à cette maladie, mais il faut une cause antérieure capable de la développer. La simple chaleur, suffisante pour déterminer la rage spontanée chez le chien, est incapable de la déterminer chez l'homme. Il faut une cause plus énergique, telle que l'inoculation du *virus rabique*, par exemple.

Ce qui est certain, c'est qu'une fois la rage constatée chez le chien, le chat, le porc, etc., il faut qu'il y ait effraction du derme et de l'épiderme, pour qu'il y ait pénétration et inoculation du *virus rabique* dans l'organisation.

L'ingestion de la chair d'animaux enragés ne communique pas la rage, il en est de même du simple contact du *virus* sur la peau.

La rage peut être transmise ou inoculée par la morsure du loup, du chien, du chat, plus rarement par celle du cheval, du bœuf et du porc, exceptionnellement par celle des autres animaux. Jusqu'à présent, on ne l'a que très-rarement observée par la morsure de l'homme à l'homme.

La blessure est également dangereuse dans toutes

les parties du corps non couvertes de vêtements ; cependant on a observé que, sur cent personnes mordues, trente à quarante seulement deviennent enragées, ce qui tient, a-t-on dit :

1° A ce que les dents de l'animal ne contenaient pas de virus au moment de la morsure ;

2° A ce que la salive virulente est restée arrêtée ou absorbée par l'épaisseur des vêtements ;

3° A ce que la personne mordue ne présentait pas au moment de la morsure les conditions de réceptibilité nécessaires (1).

La proportion ci-dessus est plus forte, si la blessure a été faite par un loup enragé, ces animaux, doués d'une férocité naturelle, se jetant principalement au visage de leurs victimes.

Le sexe, ni la constitution, ni l'âge, n'ont aucune influence sur le développement de la rage ; si le nombre des victimes est plus considérable parmi les enfants, il faut l'attribuer à leur habitude de jouer avec les chiens, à leur manque de précaution et à leurs faibles moyens de défense.

Nous allons citer quelques cas exceptionnels de la *rage*, communiquée par l'homme et par quelques animaux.

Magendie et de Breschet réussirent à reporter la maladie de l'homme au chien. Or, ce fait n'est pas unique : Earl a inoculé la rage de l'homme au lapin, et, au rapport de Youatt une inoculation a été pratiquée avec succès sur un cochon d'Inde par un étu-

---

(1) Nous avons dit plus haut que tous les animaux et même l'homme renfermaient en eux-mêmes les éléments propres au developpement de la rage, et que si elle ne s'est pas déclarée c'est qu'il n'y a pas eu pénétration, inoculation du *virus rabique*.

diant de l'hôpital de Middlesex, avec la salive d'un homme enragé.

Les mammifères peuvent généralement communiquer la rage aux oiseaux, sans que ceux-ci puissent la transmettre à leur tour; cependant Van Swieten rapporte le cas d'une femme qui avait reçu d'un coq un coup de bec et qui mourut avec tous les symptômes de la rage. L'auteur qui nous a consigné ce fait pense que ce coq aurait été mordu par un renard enragé.

Le même Van Swieten rapporte encore ce fait extraordinaire d'un jeune homme, qui mourut de la rage, après s'être mordu le doigt dans un violent accès de colère.

Nous pensons que Van Swieten a confondu le tétanos traumatique avec la rage.

Les Allemands croient que l'homme peut transmettre la rage à un autre homme ; à l'appui de cette croyance, nous citerons encore un fait observé par Van Swieten lui-même.

Un père de famille communiqua la rage à ses deux fils en leur donnant un dernier baiser avant de mourir.

Malpighi raconte aussi que sa mère mourut de la rage, quelques jours après avoir été mordue par une femme épileptique.

Dans un ordre d'idées :

A l'Hôtel-Dieu de Paris, un médecin, ayant été mordu par un homme enragé, ne contracta aucun mal.

On a signalé, dans le même hôpital, plusieurs cas semblables.

M. Andral, en disséquant un chien enragé, se blessa la main avec son bistouri couvert du sang de l'animal, et aucun indice de rage ne se manifesta.

Quand la maladie est transmise d'un animal à l'autre, elle reste à l'état d'incubation pendant un temps variable de quinze jours à six semaines, quelquefois même plus longtemps, 80 jours par exemple (Renault). D'anciens auteurs ont prétendu que la rage pouvait se développer après quatre, cinq, dix et même quinze ans, ce qui nous semble fabuleux. Dans les cas cités par ces auteurs, la rage a pu se manifester par imitation ou par la peur affreuse causée par le souvenir d'une ancienne morsure.

Deux frères furent mordus par un chien enragé; l'un d'eux mourut d'hydrophobie au bout d'un mois; l'autre, qui avait entrepris un long voyage, ignora la maladie et la mort de son frère, il revint au bout de vingt ans, apprit alors seulement ce qui avait eu lieu et fut pris d'accès d'hydrophobie qui guérirent heureusement (Racle).

C'est ainsi qu'on explique une foule de cas de rage, que M. Trousseau appelle *rage morale* ou *par imitation.*

De la rage chez les animaux et particulièrement chez les chiens.

Avant d'aborder la question de la rage chez l'homme, nous nous occuperons de la rage chez l'espèce canine, principale source de la rage chez l'homme.

La chaleur, la sécheresse, les alternatives du chaud et du froid, les mauvais traitements, une mauvaise nourriture (Boerhaave) peuvent développer spontanément la rage chez les animaux de l'espèce canine.

Une fois la rage existant chez le chien, soit sponta-

nément, soit par inoculation, on peut remarquer trois
périodes bien distinctes :

1° Période prodromale initiale ou d'incubation ;
2° période hydrophobique ou de déclaration; 3° période
paralytique. Il y a deux sortes de rage : la rage
commune ou furieuse ; la rage mue ou occulte. Cette
dernière est contagieuse, comme la première ; toutes
deux peuvent exister chez l'homme comme chez le
chien ; la rage est plus fréquente chez les chiens que
chez les chiennes; la proportion est de 70 pour cent
pour les premiers et de 30 pour cent pour les secondes.

Rage furieuse. 1ʳᵉ période. — Une fois la **rage**
déclarée chez l'animal, on observe, après un temps
d'incubation très-variable, les symptômes suivants :
l'animal recherche la solitude et l'obscurité, il se
cache, son regard est triste, étrange; cependant il
caresse son maître, quand il le voit, mais prenez garde
de le châtier, il peut vous faire une morsure fatale.

Dans cette période, le chien offre des phénomènes
cérébraux : il est craintif, il dort souvent, il a de véritables hallucinations. Youatt a signalé, chez les chiens
enragés, l'agitation, l'inquiétude, un changement con-
tinuel de position (*Perpetual motion*). Un peu plus
tard, la salivation est exagérée, l'affection du chien
pour son maître redouble, il l'accable de caresses,
mais l'agitation augmente de plus en plus et se change
en une excitation telle qu'elle caractérise la seconde
période.

2° période. — Les caresses du chien sont devenues
dangereuses, il se met à mordre les meubles, les arbres,
les pierres; il est sourd à la voix de son maître. La voix
de l'animal est rauque, le timbre en est faux, son
regard est fixe, ses yeux injectés et menaçants; l'ani-

màl erre sans but et silencieusement, quelquefois il bave abondamment (Tardieu). Pendant que les autres animaux fuient avec épouvante la présence du chien, les moutons, jusqu'alors si obéissants et si craintifs devant le chien du berger, leur protecteur et leur guide, se précipitent sur lui, tête baissée, avec une telle fureur que le chien s'enfuit terrifié.

Le chien boit beaucoup et, pour boire, il enfonce la tête dans l'eau ; s'il y a rage, il n'y a pas horreur des liquides, on a vu des chiens traverser des rivières à la nage, comme pour y chercher un remède à leur mal. Quelquefois, cependant, il y a refus de boire (hydrophobie) et de manger. On a vu des chiens enragés rester jusqu'à la fin fidèles à leur maître et accepter la boisson de sa main. Il y a également, chez le chien, dépravation du goût ; il mange des substances insipides, du bois, des pierres, des chiffons, malgré les envies de vomir que l'absorption de ces objets lui fait éprouver. Ajoutons un grand désordre, en même temps qu'une grande excitation dans les appétits vénériens. L'état dit hydrophobique ne dure pas plus de quatre, cinq ou six jours ; l'animal va entrer dans la période paralytique.

3° *période.* — Dans cette période, le chien, après avoir couru de tous côtés, poussé par des accès de fureur, la queue basse, serrée entre les jambes, ne pouvant plus avaler aucun aliment, ni solide, ni liquide, par suite de la paralysie des muscles masticateurs et du pharynx, n'a plus même la force de mordre. Il n'y a plus rien à craindre de l'animal malade ; la mâchoire inférieure est pendante ou sans mouvement ; accablé par une somnolence extrême, il épuise ses forces, il ne peut plus marcher ; la paralysie a atteint d'abord les membres postérieurs, puis elle devient générale ;

l'animal, usé par la faim, la soif, la fatigue, l'épuisement, asphyxié par suite des spasmes des muscles pectoraux, succombe et meurt.

Dans la rage mue ou occulte, le chien n'éprouve pas le désir de mordre, il reste muet, triste, inerte ; les muscles élévateurs de la mâchoire se paralysent, ainsi que les muscles masticateurs et de la déglutition.

La gueule est largement ouverte, la salive s'écoule en avant, le larynx est privé de mouvement, de sorte que la voix ne peut plus être émise. Les animaux sont muets (d'où le nom de *rage mue*).

La paralysie devient complète, et l'animal succombe.

La rage mue est contagieuse, comme la rage furieuse ; elle ressemble à un empoisonnement par la strychnine ; les vétérinaires qui soignent les chiens qui présentent les symptômes ci-dessus doivent prendre les précautions que suggère la prudence.

Anatomie pathologique. — On n'a trouvé aucune lésion, seulement on a rencontré dans l'estomac des substances telles que le bois, des morceaux de pierre, des chiffons, etc., dus au désordre de l'appétit chez l'animal vivant, pendant la période de déclaration de la rage.

Les chevaux, les moutons, les animaux sauvages morts de la rage donnent lieu aux mêmes observations.

De la rage chez l'homme.

INCUBATION — SYMPTÔMES — MARCHE

La rage chez l'homme présente une grande analogie avec celle des animaux ; quand le *virus rabique* a été communiqué à l'homme, la rage ne se déclare qu'après

une incubation plus ou moins longue, qui dure quarante jours à deux mois (suivant Trousseau), une an-
née. Jaccoud enseigne que cette incubation peut durer
de trois à sept semaines, et rarement de trois à quinze
jours. Les statistiques ne sont pas d'accord à cet égard,
ce qui s'explique par les conditions individuelles de
chaque sujet.

Une théorie prétend que la durée de l'incubation
s'explique par ce motif que le *virus rabique* agit spé-
cialement, en excitant les filets nerveux, et selon le
dégré de réceptibilité du malade. Cette excitation
gagne plus ou moins rapidement le *mésocéphale*. Ma-
rochetti et Xanthos de Siphinus ont signalé, du troisième au neuvième jour d'incubation, l'existence de
vésicules ou pustules lyssiques sous-linguales, situées
de chaque côté du frein de la langue; Magistel les a
vues du dixième au onzième jour de l'incubation. Dans
tous les cas, la présence de ces lysses est très-rare et
n'a lieu que pendant l'incubation. Barthélemy et Renault prétendent que les sérosités de ces lysses ne
peuvent transmettre la maladie, et que l'existence de
ces pustules lyssiques n'a jamais été constatée chez les
animaux (expériences de l'école de Lyon). Rittmeister
a observé que l'existence des lysses n'avait pas grande
importance, attendu que, dans un cas où on les avait
laissées intactes, la rage ne s'est pas déclarée.

État de la morsure.—Pendant la durée de l'incubation, la morsure se comporte comme une plaie ordi-
naire; la cicatrisation est longue, parce que la plaie est
contuse, mais deux ou trois jours avant la manifesta-
tion de la rage, le malade sent des irradiations dou-
loureuses autour de la cicatrice, dont la coloration est
livide; quand la plaie se rouvre, les lèvres de cette
plaie deviennent blafardes et violacées; les bourgeons

en sont charnus et mous, souvent douloureux, la suppuration est étrange, il s'écoule une sérosité roussâtre; quelquefois, des pustules se développent autour de la morsure, symptômes évidents de l'existence de la maladie.

La rage humaine présente trois périodes bien distinctes : 1° la période d'excitation ou de mélancolie, *stadium prodrorum seu melancholicum;* 2° la période de perversion ou hydrophobie, *stadium irritationis seu hydrophobicum;* 3° période d'affaissement, de paralysie ou d'asphyxie, *stadium paralyticum.*

1re *période.* — On remarque chez le malade un grand sentiment de lassitude, il est atteint de céphalalgie, d'agitations, d'insomnies, d'exaltation intellectuelle; mais ce qui peut surtout se remarquer, c'est une tristesse profonde, inaccoutumée; son caractère se modifie; accablé d'inquiétudes et de terreurs, il recherche la solitude et le silence, il est tourmenté par des hallucinations mélancoliques; la vue et l'ouïe commencent à être perverties; quelquefois il croit entendre sonner les cloches, il lui semble voir des formes et des animaux fantastiques. Le malade éprouve des douleurs dans le dos, dans les membres, dans l'estomac, il a des envies de vomir (Boerhaave), il y a perturbation dans l'appétit, il éprouve des frissons, la respiration et la parole sont entrecoupées. Le malade sent une tension ou point dans la paroi antérieure de la poitrine, premier indice de l'état anormal de la moëlle allongée et qui marque le commencement de la seconde période; la première n'a duré que de deux à quinze jours.

2° *période.* — L'angoisse augmente, tous les symptômes de la mélancolie s'aggravent, il y a gêne précordiale, respiration suspireuse; le pouls est irrégulier, plein, fort, le système nerveux est très-excité, le malade éprouve de grands frissons, qui deviennent de véritables convulsions; la sensibilité est extrême; *hyperesthésie*, ce qui n'existe pas chez le chien. Quelques malades refusent tout secours et ont horreur de tout *(pantophobie)*. Les yeux fixes, injectés et brillants, le sujet est pris d'une soif inexprimable, mais la présence des liquides lui cause une insurmontoble épouvante, au point que le malheureux malade est pris d'accès de convulsions. Cette horreur des liquides et de tous les objets brillants et polis est un signe pathognomonique de la maladie. Le malade réclame continuellement de l'eau; il veut absolument boire, mais, lorsque le liquide atteint ses lèvres avides et écumeuses, il ne peut franchir l'isthme du gosier, il y a strangurie; le simple contact de l'eau provoque des convulsions toniques ou cloniques. Le malade renouvelle ses tentatives, mais les accès redoublent avec une telle intensité qu'il est condamné à un terrible et cruel supplice que Celse a énergiquement exprimé : *Miserrimum genus morbi in quo simul æger et siti et aquæ metu cruciatur.* Pendant les accès, tantôt le malade perd connaissance et se débat énergiquement, tantôt il conserve l'intelligence et devient furieux, il cherche à mordre tous ceux qui l'entourent. Pendant les accès, la face exprime la souffrance, les pupilles sont dilatées, la voix est rauque, la parole brève. Quelquefois l'excitation vénérienne est très-vive, les pollutions involontaires sont fréquentes. Van Swieten, en parlant de l'un de ses malades, a dit : « *Semen et animal simul efflavit.* »

Chez la femme, il a nymphomanie. Dans les deux sexes, il y a dysurie. L'intelligence de l'homme enragé présente quelquefois une activité insolite, une mémoire fidèle, une conception facile, une imagination féconde (Bérard et Denonvilliers). D'autres fois, l'individu est calme et tranquille, il a consience de son danger, il pleure, il déplore son état; à mesure que les accès se renouvellent, l'intelligence s'obscurcit, les hydrophobes tombent dans un état complet de délire, les contractions musculaires, qui avaient été si fortes, diminuent avec les progrès du mal. Cette période se termine par une perturbation de tous les sens.

Cette seconde période dure de un à trois jours.

3° *période*. — Les symptômes dont nous venons de parler diminuent de plus en plus d'intensité, mais les convulsions se renouvellent avec une violence toujours croissante; le pouls est petit, irrégulier, très-fréquent, filiforme; les yeux sont vitreux, éteints et immobiles ; la voix est à peine perceptible ; la langue, les parois de la bouche et même quelques muscles du larynx, sont paralysés ; une salive écumeuse et blanchâtre découle de la bouche, une sueur froide et visqueuse baigne le corps du malade; au milieu d'accès convulsifs et d'une suffocation qui l'épuise, ayant parfois toute sa connaissance, le sujet tombe dans le coma et, épuisé, asphyxié, paralysé, il meurt *ac si universalis paralysis mortem induxisset* (Van-Swieten). Cette période ne dure que quelques heures.

Terminaison de la maladie. Si le traitement n'a pas été bien dirigé et à temps, la mort est la terminaison constante de la rage.

ANATOMIE PATHOLOGIQUE.

A l'autopsie, on constate que le cerveau et ses enveloppes sont généralement hypérémiés, on a trouvé une effusion de sang dans l'arachnoïde et dans les ventricules latéraux. Le cerveau, le cervelet et la moëlle épinière ont été trouvés ramollis. On a remarqué des congestions dans les voies respiratoires, de même que l'emphysème des poumons due à l'asphyxie qui a mis un terme à l'existence du malade. La rigidité cadavérique est extrême et la putréfaction très-rapide. Le sang trouvé dans le système circulatoire est très-fluide, au point qu'il transsude des vaisseaux et imbibe les organes. On a observé une foule d'altérations dans les systèmes nerveux et circulatoire, dans les voies respiratoires et digestives, mais toutes ces lésions ne sont pas constantes.

DIAGNOSTIC.

Les antécédents des morsures et les périodes qui caractérisent la rage permettent de la distinguer des dysphagies liées à l'hystérie, à l'alcoolisme et à certaines maladies cérébrales, comme la rage par imitation, par exemple, etc.; il y a horreur des liquides chez quelques maniaques, mais ceux-ci perdent toujours l'intelligence, tandis que les enragés la conservent intacte. On a confondu la rage avec certains empoisonnements et quelqes états morbides, comme l'impossibilité de la déglutition, des contractions spasmodiques des muscles inspirateurs; mais tous ces symptômes, qui ont un aspect hydrophobique, ne doivent pas être confondus avec la rage, qui a ses trois périodes bien caractérisées.

PRONOSTICS.

Les pronostics sont d'autant plus graves que les morsures ont été plus nombreuses, plus profondes, plus irrégulières et faites dans des parties du corps non protégés par le vêtement. Cette gravité peut être diminuée, si le traitement prophylactique a eu lieu à temps et s'il a été accompagné d'un traitement interne bien dirigé.

TRAITEMENT.

Avant de parler du *datura stramonium* comme spécifique, attendu qu'il arrête la maladie, même après des accès déclarés, du *jaborandi* et des méthodes prophylactiques, etc., nous passerons rapidement en revue les moyens aussi vains qu'impuissants dont la thérapeutique a fait inutilement usage jusqu'à ce jour. La cautérisation des lysses pendant l'incubation, pour arrêter le mal, est un moyen entièrement imaginaire. On a préconisé la *Genista tinctoria*, la *Gentiana cruciata* ; le plantain d'eau, *alisma plantago;* le mouron, *anagallis*, la *rosa nina*, le scullap. Anciennement, les matelots plongeaint dans la mer ou dans les fleuves les individus atteints ou supposés atteints de la rage jusqu'au point de provoquer un commencement d'asphyxie par submersion. Euripide, dit-on, fut guéri par ce singulier moyen. Il y a un assez grand nombre d'années, nous avons vu nous-même employer à Quezaltenango (Guatémala) un moyen non moins bizarre : le malade enragé fut enfoui jusqu'au cou dans la terre, dans l'espérance que la fraîcheur du sol produirait les mêmes effets que celui du bain forcé, dont nous avons parlé tout à l'heure. Tulpius avait une grande foi dans ces deux moyens, d'autant plus qu'à Amsterdam, il n'a jamais vu mourir un seul enragé traité de cette manière. L'ammoniaque, l'opium et la morphine à haute dose n'ont jamais réussi; les inhalations d'éther et de chloroforme n'ont pas eu plus de succès. Les saignées répétées, la vésication au moyen des cautères lunaires, le bromure de potassium en lavement (15 gr. pour 15 centilit. d'eau), le bromure

de sodium à l'intérieur, sédatif puissant, sont restés
sans effet. Schivardi a appliqué l'électricité et, sur dix
cas, il a obtenu un seul succès resté douteux. Magendie
a injecté de l'eau dans les veines, Dupuytren a ajouté
de l'opium à l'eau, et ils n'ont pas réussi. Trousseau sup-
pose que l'introduction du curare dans les veines pour-
rait donner de bons résultats.

Passons aux moyens prophylactiques, qui donnent
de très-bons résultats, même pendant la période d'incubation. Il faut commencer par agrandir la plaie, puis
on exprime le sang qu'elle contient, soit au moyen de
compressions, soit au moyen de ventouses ; on lave la
morsure à grande eau et on la cautérise avec le fer rougi
à blanc ; la cautérisation doit être rapide et profonde,
sans se préoccuper des vaisseaux sanguins auxquels
on fera une ligature provisoire, s'il est nécessaire ; on
fera suppurer la plaie longtemps, et on n'hésitera pas
devant l'amputation du membre blessé, suivant les
circonstances. Récamier conseille de cautériser avec
e nitrate acide de mercure ; on préconise aussi la po-
asse caustique, le sublimé corrosif, le beurre d'anti-
moine, le nitrate d'argent, le galvano-cautère de
Pravaz, le nouveau thermo-cautère, etc. Ces divers
moyens ont donné de bons résultats.

Parlons maintenant du mercure et de ses prépara-
tions. Van Swieten considère la formule suivante
comme infaillible : musc, 16 gr.; cinabre natif, 20 gr.;
cinabre factice, 20 gr. Il dit avoir guéri un jeune
homme atteint de la rage en lui faisant prendre chaque
soir, pendant trois jours, 4 gr. de turbith minéral.
A l'hôpital général de Guatémala, il y a environ neuf
ans, le D⟨r⟩ Gandara, alors suppléant M. Monteros, doc-
teur de la Faculté de Paris, a soigné une jeune fille
qui avait été mordue par un chien enragé en lui faisant prendre du mercure jusqu'au point de provoquer

une salivation excessive ; la jeune fille est sortie guérie. En Angleterre, on administre ce remède de préférence. La *Gazette médicale*, 1845, page 718, cite un cas de guérison de rage confirmé au moyen d'une préparation mercurielle accompagnée de 300 gouttes de laudanum administrée en 6 heures.

Si le mercure a donné quelques heureux résultats, on connaît les inconvénients de ce médicament; le *Jaborandi* (1), médicament nouveau, lui est bien supérieur, soit comme sudorifique puissant, soit comme agent sialalogue incomparable. M. le professeur Gubler, après avoir fait usage du jaborandi à la dose de 4 à 6 grammes de feuilles en infusion, a recueilli jusqu'à un litre de salive en moins de deux heures. Le jaborandi provoque la salivation à un point tel qu'il rend la parole impossible, les sécrétions bronchiques s'accroissent, la diarrhée survient quelquefois, et si on veut doubler les effets du remède, on administre une nouvelle infusion et on enveloppe chaudement le malade dans ses couvertures. Dans les cas de rage, le *jaborandi* doit donc être complètemen préféré au mercure, il élimine le *virus* et change les humeurs.

Une jeune fille ayant été mordue par un chien enragé, M. Gosselin, dans un but de renouveler les humeurs de la malade en provoquant d'une manière exagérée les fonctions de la peau, des reins, du foie, des intestins, des glandes salivaires, etc., lui a administré des sudorifiques puissants, des purgatifs répétés, il l'a soumise à des bains chauds prolongés et à des exercices violents et forcés; il a obtenu ainsi les

---

(1) *Pilocarpus primatus*, arbuste du Brésil de la famille de utacées.

effets du *jaborandi;* les pertes subies par la malade ayant été réparées par une riche alimentation, la jeune malade sortit guérie de l'hôpital.

Occupons-nous maintenant du *datura stramonium* ou pomme épineuse. Le datura stramonium est une plante annuelle, à tige herbacée, d'un mètre de hauteur, à feuilles pétiolées, ovales–aigües, anguleuses, alternes, à fleurs terminales solitaires, calice tubuleux, corolle très-grande, infundibuliforme, blanche ou purpurine, étamines incluses, ovaire couvert d'aiguillons mous et surmonté par un style glabre, à stigmate bilamellé, capsule divisée en quatre loges; graines noires, réniformes, finement chagrinées. Les feuilles et les semences du *datura stramonium* renferment un alcaloïde redoutable, la *daturine*. Nous avons vu qu'il y avait deux espéces de *datura stramonium* : l'une blanche, l'autre purpurine, violette ou rougeâtre; cette dernière est préférable. MM. Retord, Gautier, Masson et autres, pendant leur séjour en Asie, l'ont vu ainsi employer avec efficacité et en ont fait eux–mêmes l'épreuve sur plusieurs personnes enragées. Dans un litre d'eau, on fait infuser 4 gr. de feuilles vertes ou sèches, les vertes sont les meilleures, mais il est prudent, avant de les faire infuser, de les ébouillanter, pour en diminuer les propriétés vénéneuses et l'âcreté. Ces mêmes expérimentateurs ont constaté qu'une décoction de 4 à 5 gr. de datura stramonium, prise avant le premier accès, provoque un accès de rage assez bénin et suivi de guérison. M. Masson fait d'abord prendre une dose d'anis étoilé réduit en poudre. Le datura stramonium, pris à dose toxique, après les premiers accès, détermine une agitation extrême et des hallucinations, en un mot, presque tous les symptômes de l'hydrophobie. L'action si puissante de la daturine éteint les effets du virus et provoque un dernier accès, qui est

suivi de guérison. Nous avons vu, à Joinville-le-Pont,
un jeune homme complètement guéri par ce moyen.
Les doctes voyageurs cités plus haut ont vu, en Asie,
des personnes enragées se guérir elles-mêmes en
mâchant des feuilles de *datura stramonium*. S'il était
impossible de faire avaler au malade une infusion
quelconque, ou lui administrerait des injections sous-
cutanées de morphine et de chloral, des lavements
d'hydrate de chloral et des injections intra-veineuses
de chloral, pour déterminer un profond sommeil, ainsi
que le relâchement des muscles, afin de pouvoir faire
franchir l'isthme du gosier à l'infusion de *datura stramonium*.

FIN

PARIS. — Typographie MALVERGE et DUBOURG,
ruc du Cardinal-Lemoine, 41.

www.ingramcontent.com/pod-product-compliance
Ingram Content Group UK Ltd.
Pitfield, Milton Keynes, MK11 3LW, UK
UKHW022243070726
13613UKWH00005B/2093